绿色环保·从我做起

远离雾霾

（全彩版）

王旅东　刘　洋　主编

U0230698

全国百佳图书出版单位

化学工业出版社

·北京·

雾霾是什么？从哪儿来？我们该怎么办？每一个经历过雾霾的人都有类似的疑问。近年来，雾霾天气已成为全社会关注的热点，但是很多人对雾霾的认识还比较模糊，本书正是为了给大众普及雾霾相关的知识及科学预防的对策，让大众不再谈霾色变，并尽可能减少雾霾对自身健康的影响。

《远离雾霾》（全彩版）通过生动有趣的漫画和深入浅出的文字，将枯燥无味的环保常识和现实生活相结合，紧紧围绕雾霾污染与预防展开，内容涉及气象基础知识，雾霾对人体健康的影响，应对雾霾的措施和小妙招，老年人、儿童、孕妇、室外作业人员、慢性疾病人群等重点关注人群的防护方法，国家应对雾霾的举措及未来工作等内容，并分享了几种常用的护肺养肺药膳供大家参考。本书旨在普及环境保护知识，倡导绿色环保理念，适合所有对环保感兴趣的大众读者，尤其是青少年和儿童亲子阅读。

图书在版编目（CIP）数据

远离雾霾：全彩版 / 王旅东，刘洋主编 . —北京：化学工业出版社，2020.2（2023.8重印）
（绿色环保从我做起）
ISBN 978-7-122-36020-5

Ⅰ．①远…　Ⅱ．①王…②刘…　Ⅲ．①空气污染－污染防治－青少年读物　Ⅳ．① X51-49

中国版本图书馆 CIP 数据核字（2020）第 004315 号

责任编辑：刘兰妹　刘兴春　　　　　　　　　　装帧设计：史利平
责任校对：王素芹

出版发行：化学工业出版社（北京市东城区青年湖南街 13 号　邮政编码 100011）
印　　装：涿州市般润文化传播有限公司
710mm×1000mm　1/16　印张 7¼　字数 100 千字　2023 年 8 月北京第 1 版第 4 次印刷

购书咨询：010-64518888　　　　　　　　　　售后服务：010-64518899
网　　址：http://www.cip.com.cn
凡购买本书，如有缺损质量问题，本社销售中心负责调换。

定　　价：38.00 元

编写人员

主　　编： 王旅东　刘　洋

参编人员：

白雅君　　江　洪　　吕佳芮

李玉鹏　　吴耀辉　　金　冶

赵冬梅　　高英杰　　唐在林

前言

近年来，雾霾天气（又称雾霾天）已成为全社会关注的热点，人们对雾霾天气议论纷纷，谈霾色变。但是想要避开这种天气真的是一场持久战，国家将工作重心放在雾霾治理上，希望通过各种措施来提高空气质量，但是对于大部分城市还是会存在雾霾情况，那么我们应该如何远离雾霾呢？

十二届全国人大二次会议报告强调要出重拳强化污染防治，以雾霾频发的特大城市和区域为重点，以细颗粒物（$PM_{2.5}$）和可吸入颗粒物（PM_{10}）治理为突破口，抓住产业结构、能源效率、尾气排放和扬尘等关键环节，健全政府、企业、公众共同参与新机制，实行区域联防联控，深入实施大气污染防治行动计划。

治理雾霾，需要社会各界共同努力，多管齐下，才有望从根本上解决雾霾天气。雾霾笼罩之下，没有人可以独善其身。既然是同呼吸，那就要共命运。创造蔚蓝天空和新鲜空气，必须让我们从自身做起。只要大家同心协力，就没有克服不了的困难，困难和问题需要一一解决，美丽的中国梦就能够实现。

本书紧紧围绕远离雾霾展开，系统地介绍了远离雾霾的相关知识，主要包括：气象基础知识、雾霾对人体健康的影响、应对雾霾、重点关注人群的防护方法以及国家应对雾霾的举措及未来工作。本书表现形式新颖，图文并茂，形象、生动地将与"远离雾霾"有关的信息以更加直观、简明的方式体现出来，可读性强。适合所有对环保感兴趣的大众读者，尤其是青少年和儿童亲子阅读。

　　限于编者水平，书中疏漏或不足之处在所难免，恳请广大读者提出宝贵意见，以便做进一步修订和完善。

编　者

2019 年 12 月

目录

第三章
应对雾霾

第四章
重点关注人群的防护方法

第五章
国家应对雾霾的举措
及未来工作

附:
几种常用的护肺养肺药膳

第一章

气象基础知识

1. 什么是雾

　　雾是由大量悬浮在近地面空气中的微小水滴或冰晶组成的气溶胶系统，是近地面层空气中水汽凝结（或凝华）的产物。

　　大气中因悬浮的水汽凝结（或凝华），并使目标物的水平能见度降低到1千米以内，这种天气现象就称为雾。

2. 什么是霾

霾是指大量细微的干尘粒等均匀地悬浮在空中，使水平能见度小于 10 千米、空气普遍混浊的现象。我国部分地区也将受到人类活动显著影响的霾称为雾霾。其判识条件为能见度小于 10 千米，排除降水、沙尘暴、扬尘、浮尘、烟幕、吹雪、雪暴等天气现象造成的视程障碍。相对湿度小于 80%，判识为霾；相对湿度为 80% ~ 95% 时，按照地面气象观测规范规定的描述或大气成分指标进一步判识。

3. "雾"与"霾"的区别

近年来，雾霾在我国已经成为与沙尘暴相仿的灾害性天气。因为雾和霾形成的原理不同，可以从以下七个方面来区分。

（1）颜色不同

雾是由小水滴或冰晶构成，由于其物理特性，散射的光与波长关系不大，因此雾呈乳白色、青白色。霾是由各种化合物构成，由于其物理特性，散射波长较长的光比较多，呈现黄色、橙灰色。

（2）含水量不同

雾是相对湿度（含水量）大于90%的空气悬浮物。霾是相对湿度（含水量）小于80%的空气悬浮物。相对湿度介于80%～90%的为雾霾混合物。

（3）分布均匀度不同

雾是由大量悬浮在近地面空气中的微小水滴或冰晶组成的气溶胶系统，是近地面层空气中水汽凝结的产物，雾在空气中分布不均匀，越贴近地面密度越大。霾的粒子较小，质量较轻，在空气中均匀分布。

（4）能见度不同

由于越接近地面的地方雾密度越大，对光线的影响也越大，能见度很低，一般在1千米之内。霾在空气中均匀分布，颗粒较小，密度较低，对光线有一定影响，但影响没有雾大，能见度较低，一般在10千米之内。

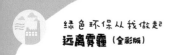
（5）垂直度不同

雾由于小水滴或冰晶质量较大，受重力作用，会贴近地面，厚度一般为几十米到几百米。霾粒子质量较轻，分布较均匀，厚度一般可达 1 ~ 3 千米。

（6）边界明晰度不同

由于雾的范围小，密度大，对光线影响大，因此雾的边界明显。霾的范围广，密度小，颗粒较小，与晴空区有一定的过渡效果，边界不明显。

（7）持续时间不同

形成雾的小水滴或冰晶在重力作用下沉向地面，大气温度升高也会使水滴蒸发，雾气的持续时间较短。形成霾的固体小颗粒一般不分解，不沉降，消解速度慢，持续时间长。

霾是由数百种大气化学颗粒物质，特别是小于 10 微米的气溶胶粒子，如矿物颗粒物、海盐、硫酸盐、硝酸盐、有机气溶胶粒子、燃料等组成，对于人体的健康影响很大，而雾由悬浮在空中的微小水滴组成，过一段时间会降落到地面，对人们的生活和健康影响不大。在生活中，区分雾和霾这两种天气现象，对人们的活动安排和饮食调节有重要作用。

4. 新气象符号——"霾"预警信号

中国气象局于 2013 年 1 月组织专家讨论了"霾"的强度标准，建议把"霾"分为轻度、中度、重度三个级别，并以黄色、橙色、红色表示，按照这一标准发布"霾"预警信号。

2013 年 1 月 28 日，我国中东部地区出现了大范围的雾霾天气，导致空气质量持续下降。中央气象台在"大雾"蓝色预警之外，也同时发布了"霾"的黄色预警信号。从此，在中央电视台的气象预报节目里，增添了"霾"这个天气图标——"∞"。

5. 雾的预警信号等级

（1）大雾黄色预警

空气相对湿度≥95%，200米≤能见度＜500米。

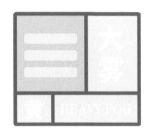

（2）大雾橙色预警

空气相对湿度≥95%，50米≤能见度＜200米。

（3）大雾红色预警

空气相对湿度≥95%，能见度＜50米。

6. 霾的预警信号等级

（1）霾黄色预警

① 能见度小于 3000 米且相对湿度小于 80% 的霾。

② 能见度小于 3000 米且相对湿度大于等于 80%，$PM_{2.5}$ 浓度大于 115 微克 / 立方米且小于等于 150 微克 / 立方米。

③ 能见度小于 5000 米，$PM_{2.5}$ 浓度大于 150 微克 / 立方米且小于等于 250 微克 / 立方米。

（2）霾橙色预警

① 能见度小于 2000 米且相对湿度小于 80% 的霾。

② 能见度小于 2000 米且相对湿度大于等于 80%，$PM_{2.5}$ 浓度大于 150 微克 / 立方米且小于等于 250 微克 / 立方米。

③ 能见度小于 5000 米，$PM_{2.5}$ 浓度大于 250 微克 / 立方米且小于等于 500 微克 / 立方米。

① 能见度小于 1000 米且相对湿度小于 80% 的霾。

② 能见度小于 1000 米且相对湿度大于等于 80%，$PM_{2.5}$ 浓度大于 250 微克 / 立方米且小于等于 500 微克 / 立方米。

③ 能见度小于 5000 米，$PM_{2.5}$ 浓度大于 500 微克 / 立方米。

7. 隐藏在空气中的尘埃家族

空气，也叫大气，是指笼罩在地球外表面的一层气体，分布在距地球表面数千千米的高度范围内。空气实际上是混合物，它的成分很复杂。在空气中，除了几乎不变的恒定成分氮气、氧气以及稀有气体（约占 99.9% 以上）之外，空气里还或多或少地含有极微量的灰尘等悬浮物杂质。可别小看了只在空气中占 0.1% 以下的悬浮物杂质，它们的作用可是非同小可。如果没有它们，光线就不能被散射，地球就会成为没有光的世界。

然而，空气中的尘埃如果过多，尤其是含有有毒有害物质的尘埃过多，空气就变得混浊，空气质量会明显恶化。

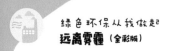

 8. PM$_{10}$ 与 PM$_{2.5}$

大气环境中的主要污染物称为总悬浮颗粒物（简称 TSP），指悬浮在空气中的空气动力学当量直径 ≤ 100 微米的颗粒物。其中粒径小于 10 微米的称为 PM$_{10}$，即可吸入颗粒。TSP 和 PM$_{10}$ 在粒径上存在着包含关系，即 PM$_{10}$ 为 TSP 的一部分。PM$_{2.5}$ 指环境空气中空气动力学当量直径 ≤ 2.5 微米的颗粒物，也称细颗粒物。从定义可以看出，PM$_{2.5}$ 是 PM$_{10}$ 的一种，它们也是包含关系，PM$_{2.5}$ 一般占 PM$_{10}$ 的 70% 左右。

PM$_{10}$ 的成分与特点

PM$_{10}$ 又称可吸入颗粒物或飘尘，指飘浮在空气中的固态和液态颗粒物的总称。PM$_{10}$ 部分可通过痰液等排出体外，部分会被鼻腔内部的绒毛阻挡。颗粒物的直径越小，进入呼吸道的部位越深。10 微米直径的颗粒物通常沉积在上呼吸道，5 微米直径的可进入呼吸道的深部，2 微米以下的可 100% 深入到细支气管和肺泡。

PM$_{2.5}$ 的成分与特点

PM$_{2.5}$ 也称细粒、细颗粒、细颗粒物、可入肺颗粒物。它的直径还不到人的头发丝粗细的 1/20，能较长时间悬浮于空气中，其在空气中含量（浓度）越高，就代表空气污染越严重。虽然 PM$_{2.5}$ 只是地球大气成分中含量很少的组分，但它对空气质量和能见度等有重要的影响。与较粗的大气颗粒物相比，PM$_{2.5}$ 粒径小，比表面积大，活性强，易附带有毒、有害物质（如重金属、微生物等），且在大气中的停留时间长、输送距离远，因而对人体健康和大气环境质量的影响更大。细颗粒物的化学成分主要包括有机碳、元素碳、硝酸盐、铵盐、钠盐等。

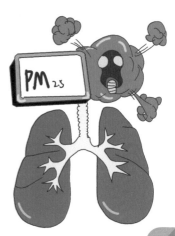

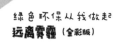

9. 形成雾霾天气的气象帮凶

大气中的 $PM_{2.5}$ 由于太小、太轻，在空气中与水滴、冰晶等均匀地混合在一起，很难沉降下来，会长久地悬浮在空气中，而且它的浓度受到气象条件与地理环境的影响，存在着明显的季节变化和地域差异特征。

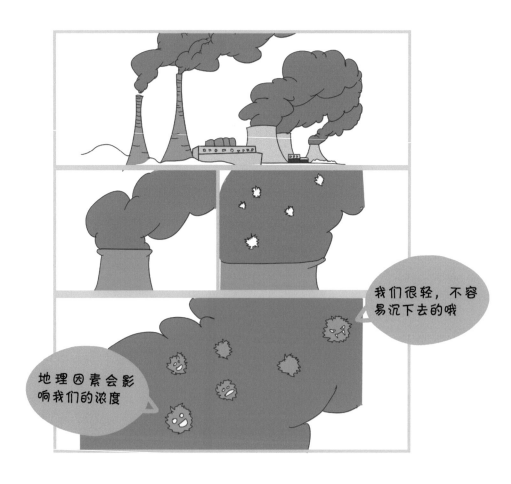

一般来说，我国北方地区的 $PM_{2.5}$ 浓度通常高于南方地区，在远离人为活动的森林和沿海地区则相对较低。

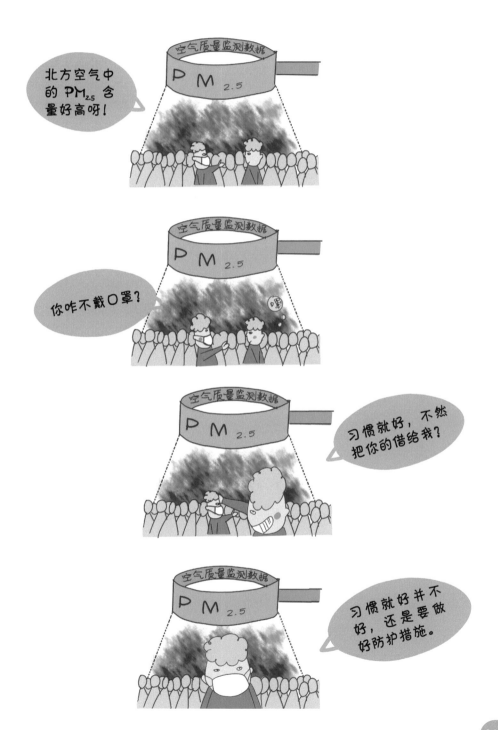

在我国各地尤其是北方城市区域及周边地区，PM$_{2.5}$的平均浓度在冬季最高，秋季与春季次之，而在夏季则最低。

这是由于冬天干旱少雨、风速缓慢，气象条件不利于污染物扩散，尤其是出现"逆温层"的概率很大，空气的垂直、水平流动和交换能力明显变弱，大量的PM$_{2.5}$被滞留在低空大气层中，并逐渐积聚而形成霾。

而夏天潮湿多雨，降水多而频繁，有助于让雨水冲刷、夹带空气中的PM$_{2.5}$沉降下来，大气中的尘埃总量会明显下降，因此，夏季PM$_{2.5}$浓度较低，不易于形成霾。

由此可见，雾霾天气形成的直接原因是空气中的污染物尤其是PM$_{2.5}$和雾气无法扩散。它们聚集在一个小的区域范围内，相对浓度增大，再加上空气对流较弱，因而较容易形成霾。

不过，当刮风时，空气对流明显增强，空气中的污染物尤其是PM$_{2.5}$和雾气很快被风吹散，PM$_{2.5}$的浓度会迅速降低，大气的自净能力加强，特别是雨雪过后的晴天空气湿润，大气中的一部分污染物尤其是PM$_{2.5}$会附着在雨滴或雪花上被去除；而刮风又可以明显地起到清洁空气、使大气污染物扩散的作用，因此，在刮风、雨雪天气过后，雾霾天气会很快好转。

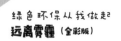

10. PM2.5 从哪里来

PM2.5 的来源非常广泛和复杂，除了火山爆发、森林火灾、飓风、土壤和岩石的风化等自然因素之外，更多的是由我们的经济活动与日常生活消费活动产生。

目前，能够被确认的 PM2.5 的人为来源，包括燃料燃烧、工业烟气与粉尘、建筑工地扬尘、交通运输中的汽车尾气、人们不合理的生活消费活动等。

煤炭作为我国主要的能源，其消费量在 2018 年占能源消费总量的 59.0%，煤炭消费量增长 1%。这不仅会消耗掉大量不可再生的一次性能源，而且还会产生 $PM_{2.5}$ 等污染物。

由于我国大多数燃煤设施的除尘设备效率较低，一般只能脱除粒径较大的颗粒物，无法阻止像 $PM_{2.5}$ 这样小的微细颗粒物进入大气，从而形成污染。而且，燃煤所产生的烟尘中多富集着有毒有害的重金属（如铅、铬、汞等）及多环芳烃等有机污染物，容易致癌或致突变，因而对人体健康危害极大。

我国北方地区冬季取暖大多通过燃煤锅炉供热，烟尘中夹杂着大量的 $PM_{2.5}$，所以北方地区冬季的雾霾天气尤为严重。

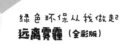

汽车尾气污染

汽车尾气中含有大量的污染物已经是众所周知的事实，殊不知，汽车尾气中的微细颗粒物更是城市 PM$_{2.5}$ 的主要来源之一。

其中，柴油车的尾气中超过 92% 是直径在 2.5 微米以下的微细颗粒物，原油燃烧排放气体中 2.5 微米以下的微细颗粒物更是占到了 97%！此外，汽车的燃油，尤其是含硫量较高的汽油和柴油，以及汽车运行中车轮对地面尘土的反复碾压磨碎，更是增加了 PM$_{2.5}$ 的产生量。

建筑工地扬尘

扬尘泛指产生于地球表面风蚀等自然过程，以及道路、农田、堆积场和建筑工地等人为活动产生的颗粒物。其中，建筑工地扬尘、裸露地的扬尘与道路扬尘也是 PM$_{2.5}$ 的主要来源之一。据监测和研究，仅在北京地区，扬尘占全市 PM$_{2.5}$ 产生量的 10% 左右。

工业烟气与粉尘污染

毫无疑问，工业生产中所产生的烟气和粉尘同样是大气中 $PM_{2.5}$ 的主要来源。其中，燃煤锅炉和工业窑炉，以及冶金、建材、化工、炼焦、有色金属冶炼、水泥、砖瓦等行业所排放的烟气和粉尘，是大气中 $PM_{2.5}$ 的主要来源。

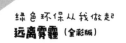

11. PM$_{2.5}$ 里究竟有什么

PM$_{2.5}$ 不仅颗粒度极其微小，能够长期悬浮在空气中，而且其组成十分复杂，包含的化学成分多达数千种。

产生 PM$_{2.5}$ 的物质，有些自身就是各种各样的环境污染物的微细颗粒；有些则是大气中的微小水滴所吸附的这些污染物。由于 PM$_{2.5}$ 中的污染物大多是有毒有害化学物质，有些甚至还致癌、致畸、致突变（俗称为"三致"），因而一旦被吸入肺部，对人体健康的伤害特别大。

12. 如何监测雾霾

雾霾监测不是简单的 $PM_{2.5}$ 或 PM_{10} 等可吸入颗粒物指数监测。尽管二者有一定的相似性，但不能混为一谈。通俗地讲，PM 指数监测只能反映雾霾天气中颗粒物成分，无法全面显示包括二氧化硫等在内的众多气体污染物成分，仅靠监测 PM 指数不能准确描述雾霾成分。因此，可以通过监测能见度的方法来监测雾霾。

终于上高速路了！

空气监测

将能见度仪和湿度计搭配使用，当能见度小于 10 千米时，如果湿度大于 90%，就是雾；湿度小于 80% 就是霾；湿度在 80% ~ 90% 时，就是雾霾混合。当能见度下降时，天气情况逐渐从轻度雾（霾）过渡到重度雾（霾）。能见度的数据可以直接作为雾霾量化的依据。能见度仪是目前最常用于雾霾监测的工具。监测雾霾天气的能见度仪应该选用透射式的，因为透射式能见度仪具有采样样本大、精度高的优点，不管是气溶胶还是颗粒物，透射式能见度仪都可适用，而且在低能见度端，透射式能见度仪的表现明显优于散射式。

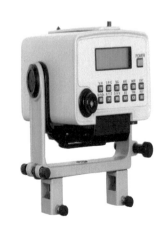

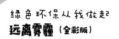

13. 气象条件对雾霾有什么影响

　　雾霾是发生在大气近地面层中的一种灾害天气，由于雾霾天气发生时大气能见度降低，对社会经济及人民生活产生重要的影响；同时，雾霾天气发生时，大气气溶胶聚集在大气近地层，使得大气污染增强，空气质量下降，会对人体健康造成重要危害。

动力影响

　　表面风和水平风垂直切变可以通过动力作用对雾霾天气产生影响。表面风速与能见度之间的显著正相关表明，雾霾天气区域内的表面风速可通过水平输送对雾霾天气产生影响。当表面风速偏大时，向区域外的输送偏强，不利于雾霾的维持和发展，能见度变大；反之，偏小的表面风速有利于雾霾的持续和发展，使得能见度变小。水平风垂直切变偏大时，雾霾天气区域上空对流层中低层的垂直混合偏强，有利于雾霾向高空扩散，减轻近地面的聚集，从而能见度变大。

热力影响

　　当对流层中低层大气层结构不稳定时，能见度变小，雾霾天气增强。当对流层中低层大气不稳定性减弱时，能见度变大，且雾霾天气减弱。而当对流层中低层大气层结构不稳定性增强时，雾霾天气区域易形成阴雨天气，而阴雨天气引起地面附近较大的湿度，有利于水汽饱和并形成雾，使得能见度降低。同时，由于降水及其他过程引起的下沉气流，在近地层大气中不利于雾霾的扩散，有利于雾霾天气的维持和发展。

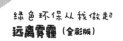

太好啦，你运气真好！

上周我结婚的时候就没下雨。

好什么呀！雾霾那么大，迎亲队伍6个小时都没接来新娘！

雾霾天气最主要的影响因素是污染排放和气象条件两个方面，空气中存在污染物可能形成雾霾，但此时若气象条件适合污染物扩散，就不会形成雾霾天气。根据雾霾天气强区域性和大气流动性，应建立整体统一的规划，综合运用各种防治措施，进行区域联防和污染物协同控制，以有效应对雾霾天气，并达到最佳治理效果。

14.　一天中什么时候雾霾污染最严重

据环保部门监测的数据显示，清晨 5 时至上午 10 时的雾霾污染最严重。午后污染物的浓度值会逐渐下降至谷底，然后夜间又逐渐上升，直至次日的清晨，呈周期性的变化。因此，建议大家不要在此时间段外出晨练，尤其不要剧烈运动，应尽量减少外出，即使必须外出时也要佩戴好口罩。

简单来说，造成这个时间段雾霾严重最主要的原因有以下两点。

受逆温现象影响

大气逆温变化通常是从夜间开始，清晨达到最大，然后逐步减退，直到中午左右消失。而逆温现象会严重影响大气污染物的扩散能力，导致空气污染物的累积，从而使得雾霾的污染程度随着逆温现象出现规律性的变化。

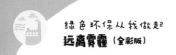
受污染物集中排放影响

早晨是污染物排放的集中时段。各种炉灶集中排放污染物，而机动车和行人出行密集，尤其是机动车的尾气排放量较大，废气污染和扬尘污染都比较严重。

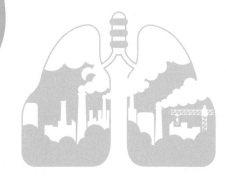

第二章
雾霾对人体健康的影响

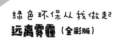

1. PM~2.5~对人体的危害不可小觑

PM$_{2.5}$可以直接进入人体的肺部，通过肺泡进入血液，影响人体健康。另外，PM$_{2.5}$可以吸附空气中的病毒、细菌等有害物质，这些病毒、细菌随PM$_{2.5}$进入人体后会对人体产生危害。

引发呼吸道疾病

人体的呼吸系统就像一台精密的仪器，各自分工不同，鼻腔、咽喉是呼吸系统的第一道防线，空气中的大颗粒物在进入这些部位时就会被鼻毛、气管内纤毛等阻挡，但是人类的呼吸系统对微小的颗粒物却无能为力，因为细颗粒物体积小，可以达到呼吸道的深处，甚至深入细支气管和肺泡，直接影响肺部的功能，使机体处于缺氧状态，进而引发呼吸道疾病。

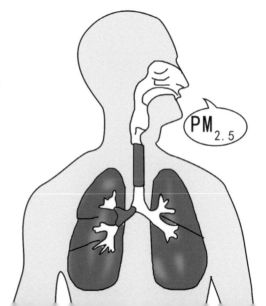

携带细菌、病毒引起癌症

在致癌物多环芳烃进入人体的过程中，细颗粒物扮演了顺风车的角色，大多数多环芳烃吸附在颗粒物的表面，空气中 $PM_{2.5}$ 越多，人们接触致癌物多环芳烃的机会就越多，从而增加肺癌、膀胱癌的患病概率。

引发心脑血管疾病

随着 $PM_{2.5}$ 的浓度上升，肺泡上皮细胞的炎性损伤程度也相应增加。$PM_{2.5}$ 通过呼吸进入肺泡，再通过肺泡壁进入毛细血管，再进入整个血液循环系统，诱发血栓的形成，造成凝血异常，并可直接到达心脏，造成心律失常、心肌梗死、非致命性的心脏病、心肺病患者的过早死。

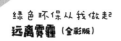

引发生殖系统疾病，胎儿致残、致畸

$PM_{2.5}$上附着很多重金属及多环芳烃等有害物，对于接触过高浓度细颗粒污染物 $PM_{2.5}$ 的孕妇，会影响胚胎的发育，容易导致胎儿的发育迟缓以及低体重儿现象。这些有毒物可以直接跳过胎盘，特别是在妊娠早期，可以直接影响胎儿，还会导致孕妇早产。

 ## 2. 雾霾天与呼吸系统的关系

雾霾对鼻咽和气道黏膜刺激，可引起咳嗽、咳痰、胸闷气短、呼吸困难，从而导致急性鼻炎、急性支气管炎，严重者诱发支气管哮喘、慢性支气管炎和阻塞性肺疾病等急性发作或病情加重。这是因为空气中的 $PM_{2.5}$ 具有较强的吸附能力，能作为毒性物质的载体，通过呼吸能直接粘附或沉积在人的呼吸道或肺泡中，引起呼吸系统过敏，导致呼吸道产生炎性细胞，黏膜水肿发炎，出现上述急性症状。长期接触雾霾，可导致肺组织损伤，降低肺功能，增加慢性气管炎、支气管炎、慢性阻塞性肺疾病等的发病率，并且这种长期慢性损伤与肺癌的发生关系密切。

 ## 3. 雾霾天与结膜炎的关系

霾的主要成分是空气中的灰尘、硫酸、硝酸等颗粒物。由于人的结膜暴露于外界空气中，同时结膜中有丰富的血管、神经，对外界的各种理化刺激相对敏感，因此当空气中的污染颗粒浓度明显增高时，会造成结膜组织产生严重的炎症反应，而这些炎症反应进一步导致结膜固有防御屏障遭到破坏，继而造成继发的细菌或病毒感染，可导致结膜炎症状反复加重，难以治愈。

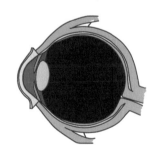

雾霾天需要注意以下几个方面。

① 结膜炎可通过接触传染，应做好个人卫生工作，避免使用衣袖或卫生纸等不洁净的物品擦拭眼睛，同时，毛巾、脸盆等个人物品应该做好消毒工作，阻断疾病的传播途径。

② 对于日常居住和工作的环境，应该尽可能地改善空气质量，如使用空气净化器等。如无条件，也应该做好自我防护，如佩戴护目镜等。

③ 如果患了结膜炎，需注意不要遮盖患眼，每日多次用无刺激的生理盐水冲洗患处，配合滴眼液规范治疗，避免外出，尽量休息。

总之，雾霾与结膜炎的发病关系密切。对于普通大众，需要警惕雾霾造成结膜炎发作的可能性，尽早做好预防工作。对于结膜炎的易感人群，需要警惕雾霾可能会加重原有结膜炎的症状或造成结膜炎复发，当症状加重时，需要及时就医，听从专科医师的指导，规范治疗，才能最大可能地减小雾霾对结膜炎的影响。

4. 雾霾天如何保护眼睛

雾霾天尽量不要佩戴隐形眼镜。因为隐形眼镜的镜片容易附着雾霾中的刺激物，且不容易被清理，比一般眼镜更容易让眼睛"受伤"。此外，隐形眼镜镜片阻碍泪液的流动性，加之镜片上附着的颗粒物，就极有可能造成结膜刺激物集聚而引发炎症。所以，在雾霾天气里最好佩戴传统眼镜出门，这样有助于抵挡部分颗粒物对眼睛的伤害。

在雾霾天气里外出，回家后还要记得清洗眼睛，以减少细菌、颗粒物附着在眼结膜上。那么，该如何清洗眼睛呢？可以使用保健眼药水，以增加眼结膜表面的光滑度并稀释附着于其上的刺激性物质。此外，用煮沸的水，待凉后清洗眼睛也是一个好方法。但值得注意的是，煮沸的水待凉过程中务必做好防护措施，避免更多的空气细菌掉落到水里，以防引起对眼睛的二度感染。

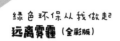

5. 雾霾天与心脑血管的关系

雾霾天气里各种污染物明显增多，会随着人体呼吸进入身体里。当这些污染物附着在血管内壁时，就会对血管造成缓慢、持续的损害，从而导致动脉粥样硬化斑块的发生，影响心脑供血，引起胸闷、气短、心慌、头晕等症状，甚至导致原有的心脑血管病病情复发或恶化。

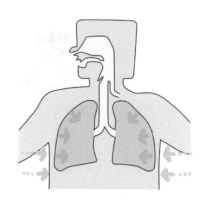

我们知道，雾霾天气多发在潮湿寒冷的日子。潮湿寒冷的雾气突然被吸入温暖的人体时，体内的血管无法适应突如其来的低温刺激，很容易发生血管痉挛。血管痉挛会使血管腔变狭窄，阻碍血液通过。此外，潮湿寒冷的气体还可以使血管内已经有斑块的患者发生斑块破裂，形成血栓堵塞血管，彻底切断心脑血液的供应，严重者可导致休克或死亡。

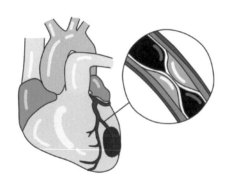

6. 雾霾天多吃"一氧化氮"

最新研究表明，一氧化氮 (NO) 是保护心脑血管疾病患者的明星物质。研究发现，一氧化氮能够扩张血管，帮助控制血液流向人体的各个部位，以起到保持血管清洁、预防卒中、维持正常血压的作用，有效减轻心脏负担，从而达到预防心脏病的效果。那么，如何获得一氧化氮呢？

从饮食中摄取一氧化氮对心脑血管疾病患者具有重要意义。在我们日常的食材中，水果和蔬菜中一氧化氮的含量比较高。此外，瘦肉、鱼、虾、贝类、薯类、豆类及其制品、坚果、蛋类、橄榄油中都富含一氧化氮。当然，为了防止摄取的量不足，心脑血管疾病患者还可以在医生的指导下选择富含一氧化氮的保健品。

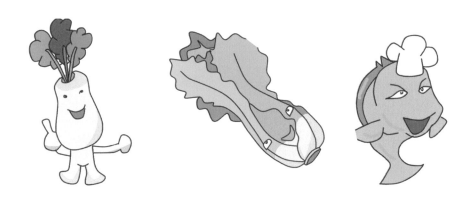

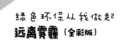

7. 雾霾比香烟更容易钻入肺部

雾霾中含有各种对人体有害的细微颗粒物，有毒物质达 20 多种，包括酸、碱、盐、胺、酚、花粉、螨虫、流感病毒、结核杆菌、肺炎球菌等，这些有毒物质在雾霾中的含量是普通大气水滴的几十倍，其中，$PM_{2.5}$ 的危害尤其大。

我们知道，$PM_{2.5}$ 是指大气中直径小于或等于 2.5 微米的颗粒物。这类物质可直接被人体吸入肺部，由于其穿透力强，并粘附在人体上下呼吸道和肺叶中，不仅易引起鼻炎、支气管炎等病症，长期来看还会诱发肺癌。所以，当我们吸入 $PM_{2.5}$ 的时候，多数有害物质残留在肺叶中，而香烟里的有害物质（如尼古丁等）会随着吐气把部分带出体外。因此，从进入人体后残留的程度上看，$PM_{2.5}$ 的残留物所占的比例高于香烟。

如果从有害物质的成分上分析，$PM_{2.5}$ 和香烟的关系是包含和被包含的关系。室内 $PM_{2.5}$ 的主要来源是香烟，当然还有大气中的各种污染物。毫无疑问，香烟所含的致癌成分要比 $PM_{2.5}$ 少得多。

8. 长期雾霾天易诱发心理问题

　　在灰蒙蒙、伸手不见五指的雾霾天气里，还要去上班确实是一件令人沮丧的事。可是，躲在家里也未必就有好心情。心理学家研究发现，持续3天以上的雾霾天气就容易诱发人们的各种负面情绪。

产生郁闷情绪

　　在雾霾天气里，受到低气压的影响，多数人的心情都是压抑的。有的人觉得胸口发闷，心里堵着一口气，无处发泄。有的人则干脆躺在床上一动也不动，干什么都没兴致，缺乏动力。在这样的天气里，如果还遇上节假日，那么情绪就更会跌至谷底。

产生逃离冲动

　　在雾霾天气里，有的人会时刻感到胸口好像憋着气，呼吸不顺畅；进而对现实环境产生失望的情绪；常常有种想逃离的冲动。心理学家认为，这是雾霾的低气压导致人体生理产生的反应，进而诱发心理疾病。同时，心理学家也指出，人们产生想逃离现状的根本原因并不是因为雾霾，而是因为人们对自己的现状感到不满意，希望逃避自己的现状，而雾霾天气只是表面的诱因。

　　以上是雾霾天气影响人们心理的三个层次，从浅到深，大家不妨对照一下，当发现自己也有类似的情绪时就要及时进行心理疏导。如在雾霾天要注意多与亲友交流，注意转移注意力，饮食宜清淡，多听听音乐，让自己的身心适度放松，为坏情绪开一扇窗。此外，如果这些负面情绪严重，则有必要及时去医院诊治。

第三章
应对雾霾

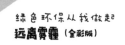

 1. 选择什么样的口罩

雾霾对人体的侵害主要是在户外，所以出行最有效的防护用品就是口罩。对于选购口罩，大家一定要具备基本的常识，因为有些口罩商利用大众对于雾霾的无知和恐惧，在商品上加入伪科学的元素，大肆夸张口罩的效果。例如，商家打着活性炭过滤片的招牌吸引消费者。事实上，活性炭吸附的主要是有害气体，而 $PM_{2.5}$ 要远远小于气体分子，因此，活性炭对于雾霾根本就是无效的。所以，口罩选购不能马虎，否则戴着劣质的口罩却照样吸着 $PM_{2.5}$，同样危害健康。

到底什么样的口罩才真正有效呢？首先，要看包装及产品本身是否标有明确的、已认可的口罩执行标准，如"N95""KN95""FFP1"。雾霾的所有成分都属于非油性颗粒物，因此这类口罩才能有效防霾。例如，N95 的口罩可以达到过滤率 ≥ 95%，一般大众选此类口罩即可。

下面推荐几款优质的防霾口罩：

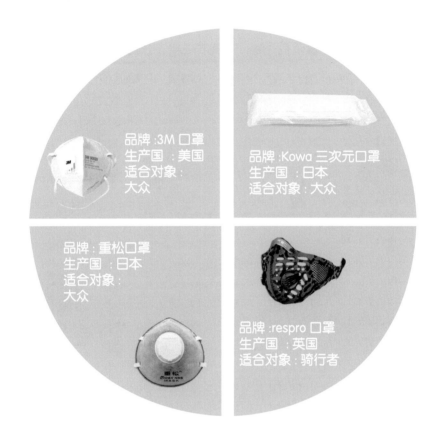

品牌:3M 口罩
生产国 :美国
适合对象 :
大众

品牌:Kowa 三次元口罩
生产国 :日本
适合对象 :大众

品牌 :重松口罩
生产国 :日本
适合对象 :
大众

品牌 :respro 口罩
生产国 :英国
适合对象 :骑行者

注：

　①　戴眼镜的人士，因佩戴口罩会使眼镜有轻微起雾现象，推荐使用带有排气阀的口罩。老人、患有呼吸系统疾病或者心血管疾病者也适合此款口罩，在呼吸上会感觉舒服些。

　②　防霾口罩一般是针对六岁以上人群使用的,若用于婴幼儿,需看口罩说明。

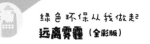

2. 如何正确佩戴口罩

雾霾天，要注意口罩佩戴方法，否则不仅易导致口罩防尘效果差，还容易使人出现气闷、眩晕等问题。下面介绍头戴式口罩的正确佩戴步骤。

第一步：

将口罩固定带每隔 2 ~ 4 厘米拉松。

第二步：

戴上口罩，将固定带分别置于耳朵以上脑后较高处和颈后耳朵以下。

第三步：

按压口罩边上的金属条使口罩贴合自己的脸型。

第四步：

检查口罩的密闭性，轻按口罩并进行深呼吸。

在做最后一个步骤的时候，要求呼气时气体不从口罩边缘泄漏，吸气时口罩中央略凹陷。符合以上两点要求，才能判断为正确佩戴了口罩。

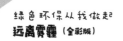

3. 防霾口罩不宜长时间佩戴

在雾霾天气里外出，我们应该佩戴专业的防霾口罩，以减少有害物质对呼吸系统的侵袭。不过，必须提醒的是，佩戴防霾口罩时间不宜过长，到室内后应及时取下；如有呼吸困难、头晕目眩等情况发生也应及时摘下防霾口罩，并将自己的症状及时告知身边的人，谨防意外发生。

小伙子，我有点不舒服！

您取下口罩试试呢？

通常情况下，专业的防霾口罩由于透气性较差，并且佩戴者没有长期佩戴的习惯，因而容易使佩戴者产生缺氧的现象。鉴于此，非专业人士佩戴防霾口罩不宜持续超过 2 小时，如果感到身体不适，应该及时取下口罩，让自己透透气。

对特殊人群（如儿童、老年人、孕妇、患有呼吸系统疾病和心脑血管疾病的人）来说，防霾口罩更是要谨慎佩戴，且佩戴时间应相对缩短，以免产生其他的负面影响。

4. 什么是空气净化器

空气净化器是从空气中分离和去除一种或多种污染物，用来净化室内空气的家电产品，又称空气清洁器、空气清新机。空气净化器可以通过吸附、分解或转化，降低各种空气污染物，有效提高空气清洁度。

空气净化器有多种不同的技术和介质材料。常用的空气净化技术有低温非对称等离子体空气净化技术、吸附技术、负离子技术、负氧离子技术、分子络合技术、光催化技术、HEPA 高效过滤技术、新一代静电式高频高压除尘灭菌技术、活性氧技术、室温催化氧化甲醛和催化杀菌等。介质材料主要有光催化剂、活性炭、合成纤维、HEAP 高效材料等。国内市场现有的空气净化器多为复合型，即同时采用了多种净化技术和材料介质。

 5. 空气净化器的挑选

（1）出风量

好的空气净化器换气速度一定要快，即出风量大，在产品说明书中以（立方米/时）来表示，数值越大越好。

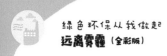

（2）净化效率

空气净化器的净化效率（通常用洁净空气量即 CADR 值表示）越高，表明空气净化器就越好。

（3）适用面积

购买时应考虑空气净化器的净化能力。如果房间较大，应选择单位时间净化风量较大的空气净化器。例如，30 立方米的房间应选择 120 立方米 / 时的空气净化器。可参考样本或说明书中的介绍来选择。

（4）使用寿命

应考虑净化器的使用寿命，维护保养是不是简便。随着使用时间的增加，净化器净化能力下降，需要清洗、更换滤网和滤胆，用户应选择具有再生能力的净化过滤胆（包括高效催化活性炭），以延长使用寿命；也有些静电类产品无需更换相关模块，只要定期清洁。

（5）房间格局

应综合考虑房间的格局与净化器的匹配。空气净化器进出口风的设计有 360°环形设计的，也有单向进出风的。由于房间格局会影响净化的效果，若想在产品摆放上实现随意性，则应选择环形进出风设计的产品。

（6）安全性

应考虑净化器的安全性。

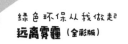

6. 怎样使用空气净化器

（1）适用场所

① 刚刚装修或翻新的居所。

② 有老人、儿童、孕妇、新生儿的居所。

③ 有哮喘、过敏性鼻炎及花粉过敏症患者的居所。

④ 饲养宠物及牲畜的居所。

⑤ 较封闭或受到二手烟影响的居所。

⑥ 酒店，公共场所。

⑦ 希望享受高品质生活的人群的居所。

⑧ 医院。

高品质生活

（2）适用人群

孕妇

　　孕妇在空气污染严重的室内会感到全身不适，出现头晕、出汗、咽干舌燥、胸闷欲吐等症状，对胎儿的发育产生不良的影响。

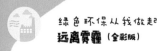

儿童

　　儿童身体正在发育中，免疫系统比较脆弱，容易受到室内空气污染的危害，导致免疫力下降、身体发育迟缓，并可诱发血液疾病、增加哮喘的发病率、降低智力。

办公室一族

　　在高档写字楼里上班是一份让人羡慕的职业。但是在恒温、密闭、空气质量不好的环境中，容易发生头晕、胸闷、乏力、情绪起伏大等不适症状，影响工作效率，引发各种疾病，严重者还可致癌。

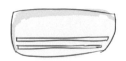

老年人

老年人身体功能下降，往往多种慢性疾病缠身。空气污染不仅会引起老年人气管炎、咽喉炎、肺炎等呼吸系统疾病，还会诱发高血压、心脏病、脑出血等心脑血管疾病。

呼吸道疾病患者

在被污染的空气中长期生活，会引起呼吸功能下降，使呼吸道疾病患者的症状加重，尤其是鼻炎、慢性支气管炎、支气管哮喘、肺气肿等疾病的患者。呼吸纯净空气具有辅助治疗的效果。

司机

司机长时间在车内，容易缺氧，并且汽车尾气污染严重，会对司机健康造成一定的危害。

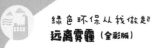

（3）若使用不当，空气净化器会变污染源

空气净化器最核心的是滤材，有的滤材"擅长"过滤花粉，有的则专门去除颗粒，如果使用不当，空气净化器也可能会变成"污染源"。每一台净化器都有若干层功能不同的滤网，如果滤网脏了，用水是无法洗干净的，必须更换。滤网最好常换，即使在空气质量较好的情况下也不能超过半年，否则滤材吸附饱和之后会释放有害物质，变成"污染源"。

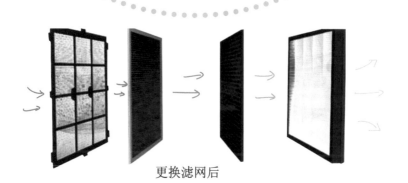

更换滤网后

7. 绿色植物吸尘防霾有多靠谱

仙人掌

其特点是白天关闭气孔，防止水分蒸发；夜间打开气孔，吸收二氧化碳，释放氧气。如果在室内摆放两三盆仙人掌，可增加空气中的负离子，大大有利于睡眠和健康。

富贵竹

其为适合卧室的健康植物。富贵竹可以帮助不经常开窗通风的房间改善空气质量，尤其是卧室，富贵竹可以有效地吸收废气，释放氧气，使卧室的私密环境得到改善。

吊兰

其有吸收空气中有害化学物质的能力。研究发现一盆吊兰对室内的一氧化碳、过氧化氮及其他挥发性有害气体有吸收作用。

银皇后

它以独特的空气净化能力著称，空气中污染物的浓度越高，它越能发挥净化能力。因此，它非常适合通风条件不佳的阴暗房间。

常春藤

常春藤能对付从室外带回来的细菌和其他有害物质，甚至可以吸纳连吸尘器都难以吸到的灰尘。

8. 雾霾天饮食注意事项

饮食清淡多喝水，多吃蔬菜和水果

雾霾天空气干燥，多饮水，不仅可起到润喉的作用，同时也会加快体内新陈代谢，促进毒素的排出。

多吃新鲜蔬菜和水果，这样不仅可补充各种营养物质，还能起到润肺除燥、祛痰止咳、健脾补肾的作用，例如，梨、枇杷、橙子、橘子皮等清肺化痰的食物。少吃刺激性食物，如辣椒等。山药、白萝卜、百合、绿豆、荸荠等都是不错的润肺食物，但食用时要懂得食物的药效。还可喝些清肺、润肺的茶，如罗汉果茶、菊花茶、桂花茶、枸杞茶、黄芩贝母茶、党参银花茶等。

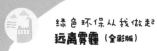

多吃增强免疫力的食物

免疫力是人体自身的防御机制，是人体识别和消灭外来入侵异物（病毒、细菌等）、识别和排除"异己"的生理反应。面对恶劣天气和寒冷的气温，增强免疫力很重要，可多食菌类、酸奶、富含维生素 C 与维生素 A 的食物等。

9. 勤洗脸及护肤品的使用

　　雾霾天，空气中含有各种酸、碱、盐、胺、酚、尘埃、粉尘、病原微生物等有害物质。人体不仅会通过呼吸系统吸入雾霾中的污染物，也会通过裸露在空气中的皮肤表面吸附污染物质。长时间接触后，污染物质也可能被机体吸收。皮肤表面的油脂会吸附空气中的细小颗粒，其中包括 $PM_{2.5}$。因此，回家后，应及时脱掉被污染的衣物，清洗脸部和裸露的皮肤，最好洗个澡，将附着在身上的有害物质颗粒冲洗干净，这样可以防止 $PM_{2.5}$ 在室内的二次污染。遇到雾霾天气时，最好涂抹一些隔离霜之类的护肤品，减少皮肤与颗粒物的直接接触。

10. 吸烟是室内污染的重要源头

　　你或许没有意识到，吸烟是室内空气污染的重要源头。研究发现，在有人吸烟的室内，来源于二手烟的微颗粒物约占室内 $PM_{2.5}$ 总量的 90%。烟尘颗粒

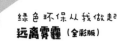

的粒径几乎都等于或小于 2.5 微米。因此，吸烟者一口香烟吸进去的颗粒几乎 100% 都属于 $PM_{2.5}$。

而且我们已经知道，吸进大量的 $PM_{2.5}$ 会大大提高致癌的风险。事实也的确如此，吸烟也是罹患肺癌的重要原因。

国际卫生组织公布，如果一个人吸烟指数大于 400，就可以定义为肺癌的高危人群。那么，如何判断自己的吸烟指数呢？很简单，只需将一个人每天吸烟的平均支数乘以吸烟年限即可。举个简单的例子，如果一个人每天平均吸 20 支烟，已经有 20 年的吸烟史，那么他的吸烟指数就是 $20 \times 20 = 400$。如果每天吸 30 支烟，已经有 15 年的吸烟史，吸烟指数就是 $30 \times 15 = 450$。根据计算出来的指数，我们就可以知道自己的肺部健康与罹患肺癌概率的大致关系。

此外，不仅吸一手烟会影响自己的身体健康，吸烟过程中产生的"二手烟"还会影响他人的身体健康。

"二手烟"危害表

人群	危害
宝宝（1～3岁）	刚出生的宝宝在二手烟环境中呼吸会很吃力，容易患上新生儿呼吸综合征；长期生活在二手烟环境中的宝宝，更容易患感冒、肺炎、支气管炎、哮喘等呼吸系统疾病，增加猝死、白血病的发病率；二手烟还会影响宝宝的生长发育，造成体格发育迟缓、哭闹不安等
儿童	长期吸入二手烟会影响儿童的呼吸系统发育,增加患气管炎、肺炎、哮喘的概率；二手烟影响儿童的神经系统发育，易造成智力低下；长期被动吸烟还会埋下日后的健康隐患，增加罹患心脑血管疾病的风险
女性	长期接触二手烟的女性衰老得更快，出现典型的"烟民脸"（皮肤灰暗、面容憔悴、皱纹横生）；二手烟易导致生理周期紊乱，出现月经不调、痛经、绝经期提前等不适；增加慢性阻塞性肺病、冠心病、肺癌、宫颈癌的发病率

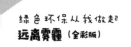

续表

人群	危害
孕妇	孕妇是二手烟的最大受害者，可增加孕期患癌及妊娠合并症（如妊娠高血压、妊娠糖尿病）的发病率；二手烟中的有毒物质可通过胎盘危害胎儿发育，易造成早产、流产、发育畸形等恶果
老年人	老年人长期吸入二手烟易患冠心病、慢性阻塞性肺病、哮喘、支气管炎、肺癌等疾病；经常与二手烟接触的老年人患上阿尔茨海默病（老年痴呆症）的概率大大增加

最新研究还指出，吸烟时产生的"二手烟"和空气中的有害颗粒物会附着在头发、皮肤、衣服、地毯、沙发和汽车座套上，这些污染称为"三手烟"。当老人和孩子接触到这些受到"三手烟"污染的物品后，就会在无形中受到有毒物质的侵害。因此，无论是为了自己还是为了家人的健康着想，请尽快戒烟。

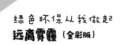

11.　雾霾天开窗通风有讲究

　　我们知道，在正常情况下，每天都应该打开窗户，让室内和室外的空气对流，使室内空气变得新鲜起来，这样更有利于我们的健康。但在雾霾天里，室外的空气中 $PM_{2.5}$ 的浓度明显高于室内，这时候再打开窗户就会造成室内 $PM_{2.5}$ 浓度上升。可是，如果在雾霾天里不打开窗户就会使得室内的二氧化碳浓度上升，含氧量下降。在这样的环境里超过 2 小时，人就会产生昏昏欲睡、头昏脑涨、呼吸困难的症状。由此可见，雾霾天里不开窗通风也不好。因此，专家提醒大家，雾霾天里还是应该开窗通风，但要注意方法和技巧。

雾霾天开窗要注意时间段

雾霾天里，我们还是应该适当开窗更换室内的空气，使室内含氧量增加。那么，什么时候开窗好呢？最佳的开窗时间就是看见有太阳的时候。在雾霾天里，正午 12 时左右阳光最强，雾霾多少会散去一部分，其浓度也会降低。这时候开窗的效果最好。其次，夜间 21 时以后，感觉到有阵阵凉风时，$PM_{2.5}$ 的浓度也会随之降低，这个时候开窗也能有效地更换新鲜空气。

雾霾天开窗要注意时长

雾霾天里，我们开窗的时间要稍微短一些，不能像往常一样长时间保持室内外通风的状态。因此，专家建议在雾霾天里可以选择在正午 12 时左右和夜间 21 时以后各开窗约 30 分钟，也可选择在每天每隔 2 小时打开窗户通风 15 分钟。

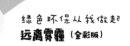

雾霾天不宜把窗户完全打开

雾霾天里，开窗除了要注意时间段外，也不宜把窗户完全打开。正确的方法是将窗户开一条拳头宽的小缝，然后用风扇或通过抽风机在小缝边上抽风，把室内沉闷的空气给抽出室外。

雾霾天最好使用空气净化器

雾霾天里，如果家里有空气净化器，可以在关闭门窗的时候使用净化器来净化室内的空气。因为空气净化器带有过滤网，当污浊的空气被吸入机器后，已经最大限度地把有害的颗粒物过滤在网上，从而达到净化空气的目的。没有空气净化器的家庭可以选择打开空调，开启抽湿功能，也能避免室内氧气含量低、空气不流通的现象。

窗帘作为开窗时室内与室外的隔离层，无论在平常的日子里，还是在雾霾天里，都是污染物袭击的首要对象。每次雾霾天结束后，大量的颗粒污染物都会滞留在窗帘上。这时候，只要稍微一阵微风拂过，这些颗粒就会随风飘浮在我们周围的环境中，其中包括大量的 $PM_{2.5}$。因此，为了避免室内的二次污染，每次雾霾天结束后，我们都要及时清洁窗帘，还给家人一个健康的生活环境。

 12. 及时收洗干净的衣服

由于洗过的衣服在晾晒的过程中会附着灰尘和粉尘，因此应及时将洗干净的衣服收起来，这样可以减少衣物上附着的有害物质，避免增加衣服接触雾霾污染物的机会。

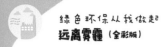

13. 锻炼身体应量"霾"而行

人们常说"生命在于运动"，科学研究也证实科学合理的体育锻炼不仅可以改善心肺功能，增强人体的免疫力，还可以使人精神愉快、心情舒畅、充满活力。然而，近年来雾霾天气频发，空气质量已成为人们开展室外体育锻炼不得不考虑的重要因素。

空气质量指数及相关信息

空气质量指数	级别	类别	对健康影响情况	建议采取措施
0～50	1	优	空气质量令人满意，基本无空气污染	各类人群可正常活动
51～100	2	良	空气质量可接受，但某些污染物可能对极少数异常敏感人群健康有较弱影响	极少数异常敏感人群应减少户外活动
101～150	3	轻度污染	易感人群症状有轻度加剧，健康人群出现刺激症状	儿童、老年人及心脏病、呼吸系统疾病患者应减少长时间、高强度的户外锻炼
151～200	4	中度污染	进一步加剧易感人群症状，可能对健康人群心脏、呼吸系统有影响	儿童、老年人及心脏病、呼吸系统疾病患者避免长时间、高强度的户外锻炼，一般人群适量减少户外运动
201～300	5	重度污染	心脏病和肺病患者症状显著加剧，运动耐受力降低，健康人群普遍出现症状	儿童、老年人和心脏病、肺病患者应停留在室内，停止户外运动，一般人群减少户外运动
＞300	6	严重污染	健康人群运动耐受力降低，有明显强烈症状，提前出现某些疾病	儿童、老年人和病人应当留在室内，避免体力消耗，一般人群应避免户外活动

　　雾霾天户外活动注意事项：出门运动前先查看空气质量情况，选择在空气污染情况没那么严重的时候出门运动；选择平坦空旷的地方运动，尽量避免在人多车多的地方运动；户外运动的时间视身体状况和空气质量而定，空气质量好且身体条件许可的情况下可以延长户外运动时间，反之则减少户外运动时间；必要时佩戴防 $PM_{2.5}$ 的口罩；多吃一些抗氧化的食物对减少空气污染造成的伤害大有益处，因此平时可以多吃这一类食物，如番茄、葡萄、蓝莓、大蒜等。

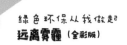

14. 雾霾天出行巧选时间段

在雾霾天里，除了必须按时上下班的上班族外，其他人也会为了购置生活用品、办某些事情而外出。那么，这些人该如何科学选择出行的时间呢？

避开上下班的高峰期

上下班高峰期，车辆拥挤、汽车尾气排放量远远高于其他时间段。这个时间段的空气质量是一天中最差的。加之，人口密度高，每个人的平均吸氧量大幅度下降，此时佩戴口罩出门容易出现头晕目眩的情况，并非出行的好时机。因此，外出购物应该尽可能选择错开人们上下班的高峰期。

晨练晚练时间不外出

晨练时间，太阳还没彻底冲破迷雾，周围灰蒙蒙一片。这个时候的空气质量最差，$PM_{2.5}$ 的浓度最高。加之，晨练时人体需要的氧气量剧增，随着呼吸的加深，雾霾中的有害物质会更多地被吸入呼吸道，从而危害健康。因此，雾霾天中，应该在太阳出来后，约上午 9 时后再外出。同样，傍晚时间 17 ～ 20 时也不太适合出行。这个时候，太阳下山，大量的雾霾再次聚集起来，加之车辆尾气的排放，使 $PM_{2.5}$ 的浓度急剧上升，这个时候出行也不利于身体健康。

大型车辆解禁时间不宜出行

大部分城市在白天是不允许通过大型车辆、泥罐车的。因为大型车辆、运载砂石和建筑材料的泥罐车经过，不仅会扬起大量灰尘，车上的建筑材料也会随之悬浮在空气中。所以，大部分城市要到晚间 20 时后才对这些车辆解禁，允许它

们通过市区。而这个时间段的空气质量也会随之下降，除了 $PM_{2.5}$ 之外，还会有大量的石灰粉尘、水泥颗粒物等。在雾霾天气里，这些灰尘和颗粒物会更加难以散开，因此大型车辆解禁的时间过后也是不适合出行的。

雾霾天巧选时间段出行

雾霾天气里，正午 12 ~ 13 时，下午 15 ~ 16 时是最适合出行的。这两个时间段里的空气质量相对于其他时间段要好，$PM_{2.5}$ 的值也相对比较低。其次，晚间 21 ~ 22 时这个时间段，也是比较适合外出的。

15. 雾霾天开车出行有讲究

从环保角度考虑，在雾霾天气里，要尽量少开车或不开车以降低空气的污染指数。当然，从个人安全角度出发，雾霾天气也不适合开车。首先，雾霾天气的可视范围非常小，常常容易导致事故的发生。其次，雾霾天气容易使人产生压抑的心情，从而影响开车时的判断。因此，建议大家在雾霾天气里，用搭乘公交、地铁等来代替开车。如果必须开车出行，也应特别注意以下几点。

尽量不开车窗

雾霾天气里，应尽量减少与外界空气的接触，所以尽量少打开车窗和天窗。虽然把车窗或天窗开启一条小缝隙能起到换气的效果，但这样同样会把可吸入颗粒物带到车里，直接被人体吸入。

开启内循环

除了车窗，空调系统是直接与外界对接的通道，外界空气会通过空调系统进入车内影响车内空气质量。所以，在雾霾天气中，正确的做法是将空调设定为内循环，这样可以有效减少可吸入颗粒物的进入。

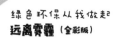

打开车灯

雾霾天气，空气的能见度会比较差，飘浮在空气中的微小颗粒会阻碍视线。所以，为了自己和他人的安全，务必在行车时打开车灯，至少要打开示宽灯提示其他车辆你的位置，如果能见度非常差，则应该打开前、后雾灯。

调整开车心态

能见度差，车速变慢，交通变得拥堵。在这样的行车环境下，人很容易产生焦急、烦闷和压抑的心情。因此，应该调整好自己的心态。当车辆受阻不能前行时，不妨选播几首自己平时喜欢的歌曲以放松心情，切勿长按喇叭或加塞抢行，否则除了使心情变得更加焦急外，不会有其他任何益处。

清理空气滤芯

雾霾天气结束后，车辆应该送专业的汽修厂进行检修。如果不能做到这点，起码也应该及时清理一下空气滤芯和空调滤芯，以免微小颗粒沉积在滤清器上引发出气流量不畅，造成发动机瘫痪和影响空调出风等现象。

 ## 16. 雾霾天外出应做好防护

雾霾天对人体健康的影响很大，因此，在雾霾天请尽量减少外出。如果实在必须外出，则也应积极做好防护工作。具体包括以下几点。

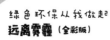

请务必佩戴防霾口罩

在雾霾天气里外出，首先要选择一款专业的防霾口罩。如果口罩已经使用过，则应在取出时检查一下有没有破损，洁净程度是否能达到再次使用的标准。检查确认后，先进行洁面，再按照口罩佩戴步骤戴上口罩。

雾霾天请戴
专业口罩

必要时准备雾霾外出服

部分雾霾天气里，空气湿度大，人从室外到室内会带着一身雾水和吸附在衣服上的 $PM_{2.5}$。这时，衣物上附着的 $PM_{2.5}$ 就会给室内造成"二次污染"。因此，在雾霾天气里，可以选择一款雾霾外套或雨衣穿上。等到了上班场所或回到家里时，先别急着摘掉口罩，应先轻轻地脱下雾霾外套，移至卫生间，再抖动外套上的雾水和颗粒物或直接进行清洗。离开卫生间后，再开启抽风系统并关上卫生间的门。

为自己准备温热的饮用水

在雾霾天气里外出，必须为自己准备
一个可以装温水的保温瓶用以饮水。在这
个保温瓶里，我们可以为自己准备简单的
温水或百合糖水、沙参玉竹茶、罗汉果茶
等能帮助我们肺部清污的茶水。

带好防患于未然的药物

有哮喘、心脏病等疾病的特殊人群，外出前应该针对自身情况带一些能预
防疾病发生和用于急救的药物，以免意外发生。

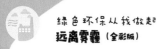

17.　雾霾天外出归来先做清洁

雾霾天外出，回家后第一件事就应该做好清洁工作，即使是赶着要给家人做饭的主妇也一样。因为在雾霾天里外出，人的头发、身体各处和衣物上沾有大量的 $PM_{2.5}$，这个时候再匆匆忙忙给家人做饭，不仅容易给家居环境和自己带来二次污染，还会把污染物带到食物中去，影响家人的健康。因此，为了减少 $PM_{2.5}$ 带来的二次污染，我们回家后应该做到以下几步。

第一步　轻轻移步浴室

回家后第一件事情应该是尽可能减小动作的幅度、轻轻地移步浴室，避免身上的污染物随着自己的动作而大量遗落在地上，以免造成二次污染。

第二步　清洁头发

我们在浴室对自己进行清洁的时候，应该遵循由上至下的顺序。第一个清洁的对象是头发。这个时候口罩还不能摘除。我们取专用于雾霾天气的毛巾轻轻擦拭头发，长发女性应该将头发披散开，轻轻抖动头发。我们也可以借助吹风机清洁头发。当然，条件允许的话，我们可以摘掉口罩进行全身上下的洗浴。

第三步　清洁脸部

摘掉口罩，用手捧清水，让鼻腔轻轻吸进清水，然后再迅速擤鼻涕。此外，我们还可以用干净的棉签反复蘸水来清洁我们的鼻腔。接着，我们用毛巾或洁面乳来帮助我们清洁面部，最后是刷牙和漱口。在做饭前，可以用专业的消毒洗手液进行手部清洁。

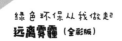

第四步　清理衣物

　　将外套轻轻脱下，放入洗衣篮子里或直接放入洗衣机里清洗。必须提醒的是，雾霾来袭时千万不要把洗净的衣物晾在屋外，否则衣服上将沾满灰尘、细菌、PM$_{2.5}$等污染物。

第四章
重点关注人群的防护方法

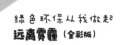

 # 1. 老年人的防护

老人在室内时间较多，要格外注意清洁卫生，习惯用扫帚扫地的老人不妨改用吸尘器，地毯、抹布、沙发套等应及时清洗。煎、炒等传统的烹饪方式易产生大量油烟，污染室内空气，建议在家做饭多用蒸、煮等方式。

高龄人群和体弱多病者是呼吸系统和心脑血管系统疾病的易感人群，在空气污染到来时，他们往往最先受损。建议这类人群可以在平时根据自身需要使用吸氧机来改善健康状况。不过老年人在用吸氧机改善健康状况时，若空气中的污染物增多，将会导致含氧量下降，单次呼吸的氧气将会减少，机体始终处于低氧环境下，不利于健康。

因此，平时有晨练习惯的老年人，最好在雾霾天将室外的晨练转移至室内。同时，饮食要尽量清淡，少吃刺激性食物，多喝水。

2. 儿童的防护

　　儿童身体发育不完全，雾霾天灰尘、颗粒会通过孩子们的呼吸道直接侵害其身体，容易引起呼吸道疾病如感冒、咳嗽、鼻炎、支气管炎、哮喘等发生。对儿童的防护应从以下几个方面进行。

　　首先，通过学校的宣传和知识普及，让儿童对雾霾天气以及对健康的影响有直接的认识。学校可以通过形象的视频、生动的图片以及浅显易懂的语言来给孩子们上"雾霾防护"的教育课。

　　其次，提高家长自身对孩子的防护意识。例如，可以随时关注天气状况及未来天气变化，以便在接送孩子上下学时给孩子做好防护措施。在这里，还要特别注意，雾霾较大时，尽量避免由老年人来接送孩子上下学，因为老年人的心脑血管和呼吸系统都很脆弱，若在雾霾严重时出行健康风险较大。

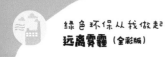

再次，减少室外活动。雾霾严重时，尽量减少儿童在室外的活动时间，改为室内活动，从而减少雾霾对儿童的影响，减少空气中颗粒物的吸入。

此外，在平时的生活中，毛绒玩具表面的灰尘、细菌较多，尽量少给孩子玩或尽量常清洗；让孩子的活动远离污染严重的交通干道；临街住的，避免在交通高峰期开窗通风。在冬春季传染性疾病如流感等高发季节，可以提前给儿童注射疫苗。

爸爸，我不要打针！

 ## 3. 孕妇的防护

注意休息

    孕妇要适当休息，避免过度劳累，保证充足的睡眠，减少心理压力。同时，孕妇也不能一味地休息，仍应适当活动，保持乐观的情绪。

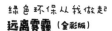

营养搭配合理

（1）多吃含锌食物

缺锌时，呼吸道防御功能下降，孕妇需要比平时摄入更多的含锌食物，如海产品、瘦肉、花生仁、葵花子和豆类等。

（2）补充维生素 C

维生素 C 是体内有害物质过氧化物的清除剂，还具有提高呼吸道纤毛运动和防御的功能。建议多吃富含维生素 C 的食物，如番茄、柑橘、猕猴桃、西瓜等，或适当补充维生素 C 片剂。

尤其是冬季，室内要注意保湿。多喝水对于预防呼吸道黏膜受损、感冒和咽炎有很好的效果，每天最好保证喝 2000 毫升水。在地面洒水或放一盆水在室内，使用空气加湿器或负氧离子发生器等，以增加空气中的水分含量。

4. 室外作业人员的防护

雾霾天持续发生会让不少人在室外感到不舒服，不过一般来说，我们在室外的时间较少，多数时间待在室内。但对于需要长时间在室外工作的作业人员例如建筑工人、环卫工人、交警等，他们暴露在雾霾中的时间更长，对雾霾的接触量更大。因此，强调和关注室外作业人员对雾霾天的防护是十分必要的。

① 佩戴防护工具，例如防霾口罩。参照前面提到的口罩的选择原则、佩戴方法及清洗事项。

② 回家后，脱掉被污染的衣物，清洗脸部、头发和裸露的皮肤，最好洗个澡，将附着在身上的有害物质颗粒冲洗干净。

③ 增加换班次数来减少室外暴露时间。

5. 慢性疾病人群的防护

　　雾霾会使患有哮喘、慢性支气管炎、慢性阻塞性肺病等呼吸系统疾病的人群产生气短、胸闷、喘憋等不适，可能会造成肺部感染，或出现急性加重反应。糖尿病患者因自身抵抗力较弱，更易患感冒。PM$_{2.5}$ 对心脑血管疾病等慢性病患者有较大的破坏力，会增加心脏病患者的心脏负担，诱发心肌梗死等。

　　雾霾天最好减少外出，外出时建议佩戴防护效果相对较好的口罩。但是，不是人人都适合戴口罩。

　　呼吸道疾病患者特别是呼吸困难的人，戴上口罩后反而人为地制造了呼吸障碍；心脏病、肺气肿、哮喘患者不适合长时间戴口罩。有慢性病的患者，建议避免在清晨雾气正浓时出门购物、参加各种户外活动，要多饮水，注意休息。若身体出现不适，要尽快前往医院就医。由于大雾天气压较低，高血压和冠心病患者不要剧烈运动，避免诱发心绞痛、心衰。

第五章
国家应对雾霾
的举措及
未来工作

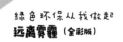

1. 城市空气质量监测和预报的 "进化"

2012年3月2日，环境保护部（现生态环境部）发布了新修订的《环境空气质量标准》（GB 3095—2012）。在新的环境空气质量国家标准中，增加了"臭氧"和"颗粒物（粒径小于或等于2.5微克/立方米，即$PM_{2.5}$）"两项新的污染物浓度的环境监测项目，规定$PM_{2.5}$的24小时平均浓度限值为35微克/立方米（一级）和75微克/立方米（二级），年平均浓度限值为15微克/立方米（一级）和35微克/立方米（二级）。与此同时，国家对影响大气质量的相关污染物最高浓度限值提出了更为严格的要求。

《环境空气质量标准》（GB 3095—2012）已首先在京津冀、长江三角洲、珠江三角洲等重点区域以及其他直辖市和省会城市、113个环境保护重点城市和国家环保模范城市相继实施；2015年，全国所有地级及以上城市也已全部实施。

2. 大气污染防治工作要点

　　2019 年 2 月 28 日，生态环境部印发了《2019 年全国大气污染防治工作要点》（以下简称《工作要点》），指导各地扎实做好 2019 年度大气污染防治工作，持续改善环境空气质量。

　　根据《工作要点》提出的大气环境目标，2019 年，全国未达标城市细颗粒物（$PM_{2.5}$）年均浓度同比下降 2%，地级及以上城市平均优良天数比率达到 79.4%；全国二氧化硫（SO_2）、氮氧化物（NO_x）排放总量同比削减 3%。

　　此外，《工作要点》提出要深入开展大气环境综合管理、稳步推进产业结构调整、加快优化能源结构、打好柴油货车污染治理攻坚战、深入开展面源污染治理、推进重点区域联防联控、积极应对重污染天气、夯实大气环境管理基础、积极做好环境噪声污染防治工作 9 个方面的重要工作。

3. 开展雾霾天气人群健康影响监测工作

　　随着我国经济的高速发展、机动车数量的增加及城市化进程的加快，雾霾天气呈现明显的增加趋势。雾霾发生时，不仅会导致大气能见度降低，影响交通运输和人们的正常生活，而且由于空气污染加重，对人体健康也会产生严重危害。

　　治理空气污染是一项长期而困难的工作，雾霾天气下 PM$_{2.5}$ 等空气污染的健康危害已成为公共卫生领域的突出问题。因此，非常有必要针对不同地区污染类型及水平、不同气象条件、不同暴露人群等，开展城市雾霾天气人群健康影响监测、风险评估及预警工作。在此基础上，筛选出易感人群和敏感疾病，提出有针对性的干预措施，保护人群健康，降低由此导致的相关疾病的负担。

4. 开展雾霾天气人群健康影响评估预警工作

此项工作的主要内容包括：识别雾霾天气主要特征污染物、建立雾霾天气人群健康影响综合监测与评价体系；分析环保、气象、死因监测及医院门急诊监测数据；监测不同活动方式下人群的暴露水平；提出不同污染类型城市中的不同人群在雾霾天气下的暴露评价模式；获得雾霾天气主要污染物对不同城市超额总死亡、心脑血管疾病死亡及呼吸疾病死亡的暴露－反应关系系数；定量评价人群的健康风险，并在此基础上开展分级预警。

开展城市雾霾等空气污染人群健康影响评估和预警工作，需要利用空气污染监测数据、气象数据、死因监测数据，以及医院门诊、急诊、住院等数据。这些数据分别来源于环保、气象、卫生（包括疾控机构和临床医院）等部门。

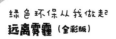
绿色环保从我做起
远离雾霾（全彩版）

　　为了充分利用这些监测数据，必须建立环保、气象、卫生多部门协调的合作机制，实现数据资源的共享；加强雾霾天气人群健康影响监测体系建设，逐步建立雾霾天气人群健康影响监测网络，才能开展系统全面的雾霾天气人群健康影响监测、风险评估及预警工作，为国家制定相应的政策提供基础数据。

附：几种常用的护肺养肺药膳

（1）秋梨蜜膏

【禁忌】

痰湿者不宜食用。

【配方】

鸭梨 1500 克，生姜 25 克，蜂蜜适量。

【制法】

先将鸭梨、生姜分别切碎，取汁；再将梨汁放入锅内，用温火煮至黏稠如膏，加入一倍量的蜂蜜及姜汁，继续加热至沸后停火，待凉后装瓶备用。

【效用】

养阴清肺。

【服法】

每次取 1 汤匙，以沸水冲化，代茶饮服，一日数次。

（2）胡桃仁粥

【禁忌】

痰湿者不宜食用。

【配方】

胡桃仁 50 克，粳米 100 克。

【制法】

将胡桃仁切成细米粒大小，备用。粳米淘洗干净，放入锅内，加清水，旺火烧沸后改用小火煮至粥成，然后加入胡桃仁，继续煮两三沸（2～3 分钟）即可。

【效用】

补益肺肾。

（3）五汁饮

【禁忌】

脾胃虚寒者不宜多服。

【配方】

梨 1000 克，鲜藕 500 克，鲜芦根 100 克，鲜麦冬 500 克，荸荠 500 克。

【制法】

鲜芦根洗净，梨去皮核，荸荠去皮，鲜藕去节，加鲜麦冬，一起切碎，以洁净的纱布绞挤取汁。

【效用】

清热润肺。

【服法】

不拘量，冷饮或温饮，每日数次。

（4）花生冰糖汤

【禁忌】

痰湿者不宜。

【配方】

落花生 100 克，冰糖适量。

【制法】

落花生洗净，放入锅中，加清水、冰糖，煮约半小时即成。

【效用】

清燥润肺。

（5）海参鸭羹

【配方】

鸭脯肉、海参各 250 克，黄酒、食盐各适量。

【制法】

鸭脯肉和海参冲洗干净，切细，放入锅内，加清水、黄酒、食盐，小火煮做羹食。

【效用】

滋阴润肺。

（6）虫草蒸老鸭

【禁忌】

外感未清者不宜食用。

绿色环保从我做起
远离雾霾（全彩版）

【配方】

冬虫夏草 5 枚，老雄鸭 1 只，黄酒、生姜、葱白、食盐各适量。

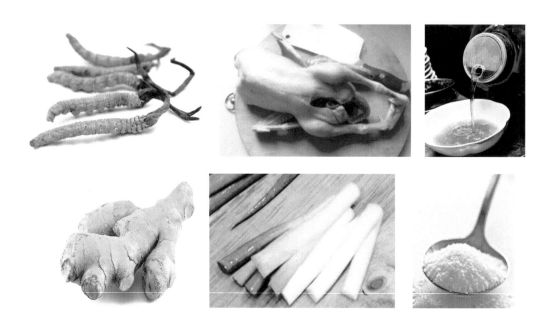

【制法】

老雄鸭去毛、内脏，冲洗干净，放入锅中煮开至水中起沫捞出，将鸭头顺颈劈开，放入冬虫夏草，用线扎好，放入大钵中，加黄酒、生姜、葱白、食盐、清水适量，再将大钵放入锅中，隔水蒸约 2 小时。

【效用】

补虚益精、滋阴助阳。

（ㄱ）蜜蒸百合

【禁忌】

痰湿者不宜食用。

【配方】

百合 50 克，蜂蜜 50 克。

【制法】

将百合洗净，脱瓣，清水中浸泡半小时后捞出，放入碗内，加入蜂蜜，隔水蒸约 1 小时即成。

【效用】

滋阴润肺。